CONCOURS RÉGIONAL AGRICOLE

~~uvurun~~

# PRIME D'HONNEUR

DU

## BAS-RHIN

## RAPPORT DE LA COMMISSION

POUR L'EXAMEN DES EXPLOITATIONS AGRICOLES

M. le baron THÉNARD, rapporteur

**STRASBOURG**

IMPRIMERIE DE VEUVE BERGER-LEVRAULT, IMPRIMEUR DE LA PRÉFECTURE

1866

## MEMBRES DE LA COMMISSION DE VISITE

POUR JUGER LES EXPLOITATIONS CONCOURANT A LA PRIME D'HONNEUR.

---

MM. MALO, inspecteur général de l'agriculture, *président.*

ALTMAYER, propriétaire-agriculteur, à Saint-Avold (Moselle).

CLÉMENT-DESORMES, membre du tribunal de commerce de Lyon, propriétaire-agriculteur, au Châtelard (Ain).

le commandant FAUCOMPRÉ, lauréat de la prime d'honneur du Doubs, à La Roche.

IVAN KŒCHLIN, propriétaire-agriculteur, à l'Isle-Saint-Martin (Vosges).

PARGON, lauréat de la prime d'honneur de la Meurthe, à Salival.

PERRON, géologue, propriétaire-agriculteur, à Gray (Haute-Saône).

STŒCKLIN, lauréat de la prime d'honneur du Haut-Rhin, à Colmar.

le vicomte DE VERGNETTE-LAMOTTE, membre correspondant de l'Institut, propriétaire-agriculteur, à Beaune (Côte-d'Or).

DE WESTERWELLER, lauréat de la prime d'honneur de l'Ain, à Cornaton.

le baron THÉNARD, membre de l'Institut, propriétaire-agriculteur, à Talmay (Côte-d'Or), *rapporteur.*

HEUZÉ, professeur à l'école impériale de Grignon, membre de la Société centrale d'agriculture de France, inspecteur général adjoint, *secrétaire.*

# AVANT-PROPOS.

---

Dans le concours dont nous allons proclamer les résultats, l'agriculture alsacienne a brillamment soutenu son antique réputation.

Douze concurrents se sont présentés, et sauf un seul, qui, en donnant à bail son exploitation, s'est ainsi exclu de lui-même et ne compte pas, tous les autres se sont distingués par des travaux, des résultats, parfois des découvertes, qui montrent que l'Alsace, en agriculture comme à tous égards, continue à bien mériter du pays.

Aussi ne faut-il pas être étonné que le jury, malgré sa tendance à se montrer moins libéral, se soit trouvé contraint de décerner, outre la prime, des médailles pour des mérites spéciaux à neuf des concurrents, et demande à S. Exc. le Ministre de l'agriculture, du commerce et des travaux publics, d'en accorder une dixième à la ville de Strasbourg, qui, bien qu'ayant voulu soumettre la colonie d'Ostwald au jugement, n'en a pas, par un motif de généreuse convenance, accepté les bénéfices.

En ce qui touche à la prime elle-même, la lutte a été vive, le jugement difficile, et nous nous plaisons à le dire, plusieurs des vaincus sont de l'étoffe où ailleurs on a été heureux de faire des vainqueurs.

Au nom de l'agriculture, et s'il lui était permis de le dire, au nom de l'Empereur, le jury remercie donc tous les concurrents de leurs efforts et de leurs succès.

## M. Félix de Dartein.

M. de Dartein est propriétaire, à Plobsheim, de prairies sèches d'un faible rendement, mais qui sont bordées par un petit cours d'eau.

Malheureusement, à moins de nuire au voisinage, les eaux ne peuvent en être portées à un niveau suffisant pour se répandre d'elles-mêmes sur la prairie.

Dans ces conditions, M. de Dartein a eu l'idée d'établir une chute qui met en mouvement une machine élévatoire.

Cette machine est nouvelle, fort ingénieuse, des plus simples, n'exige pas une surveillance continue, et, bien construite, elle doit rendre un travail utile considérable.

L'eau qu'elle élève est d'ailleurs bien distribuée sur les prés.

Toutefois il est regrettable qu'à cause du régime du ruisseau elle ne puisse fonctionner en tout temps; mais M. de Dartein n'en peut être responsable : aussi le jury le félicite-t-il de son invention et lui décerne-t-il une médaille d'argent.

## M. Braun.

Vers 1805, la guerre entraînait M. Braun à l'armée, où; sous le feu de l'ennemi, il allait apprendre le français, mais, en 1811, à la suite d'alternatives diverses et toutes à sa louange, il rentrait dans ses foyers.

Depuis 52 ans, il réside sur son exploitation, et depuis 42 années il est maire du village d'Offenheim.

Il n'est pas besoin d'en savoir davantage pour accorder ses sympathies à M. Braun; cependant ces mérites seraient tout à fait insuffisants pour permettre au jury de le signaler à l'attention des agriculteurs.

Mais, partisan du progrès, il a établi au milieu de la cour de son exploitation une fosse citernée à purin.

Cette citerne, qui est enduite de ciment, reçoit tous les liquides provenant des écuries et des étables: sa capacité est de près de 120 mètres cubes, et lorsqu'elle est pleine, elle permet de fertiliser 4 hectares ensemencés en chanvre et en colza.

La commission se plaît d'ailleurs à rendre justice aux travaux agricoles de M. Braun; elle le félicite de son initiative, et lui décerne une médaille d'argent pour sa fosse à purin, qui, bien construite et bien disposée, mérite d'être signalée.

## MM. Auscher frères.

Dans un marais autrefois presque sans valeur, MM. Auscher frères ont créé une houblonnière qui compte aujourd'hui plus de 3 hectares.

Pour cela, ils ont dû l'assainir, le niveler, le fertiliser ; toutes ces opérations ont été très-bien exécutées et le succès est venu les couronner.

Mais ce dont on doit surtout féliciter MM. Auscher, c'est d'avoir su choisir le houblon, qui est une des rares plantes réussissant dans de telles conditions.

La commission les remercie donc de leur initiative et leur décerne pour ce fait une médaille d'argent spéciale.

———◦◦❀◦◦———

## M. Freysz.

M. Freysz, de clerc de notaire, s'est fait agriculteur : c'est là une bonne fortune pour l'agriculture, car il a dans sa première profession acquis une instruction ou plutôt des moyens de s'instruire qu'il n'aurait pas eus s'il avait toujours été agriculteur.

D'ailleurs, d'un jugement droit et d'un caractère persévérant, il s'est tracé un programme en rapport avec ses ressources, et il le suit sans se hâter ni jamais s'arrêter.

C'est à Entzheim qu'il habite avec son père, auquel il a succédé comme agriculteur : là il exploite près de 35 hectares en terres, prés, bois et vignes.

Les terres arables comptent 18 hectares et sont situées dans le riche lœss qui, avec les alluvions modernes du Rhin et de ses affluents, se partage la plaine de l'Alsace.

Les prés, d'une contenance de 10 hectares en plusieurs parcelles, sont dans les alluvions modernes.

Les vignes, d'une étendue de 1$^h$,60, sont dans les coteaux à quelques kilomètres.

La culture de M. Freysz, comme toutes celles de cette riche contrée, est très-intense, puisque les céréales n'occupent que la moitié de la surface et que le reste est en artificielles et en plantes sarclées diverses, parmi lesquelles il y a 2 hectares de tabac et 1 hectare de chanvre.

Quant aux prairies naturelles, elles ont été en partie créées par le concurrent, soit sur d'anciens pâtis communaux de peu de valeur et dont il a hardiment remanié la surface, soit sur des surfaces d'où l'on avait extrait du gravier pour le chemin de fer.

Une partie aussi de ces prairies a été irriguée, soit à l'aide des eaux de la Brusche, soit avec les eaux d'égout des terres avoisinantes; mais là où l'irrigation n'existe pas, on use avec succès du terreautage.

Avec de pareils soins il ne faut pas être étonné que quelques-uns des prés soient d'un haut rendement.

Mais c'est surtout pour ses bâtiments que M. Freysz doit être cité, comme se distinguant des cultivateurs de son pays.

En 1860 il a construit une vacherie voûtée, d'un modèle simple, mais très-bon.

En 1861, ce fut le tour de la porcherie, qui peut aussi être donnée en exemple à la petite culture.

En 1864 il a élevé un poulailler très-bien disposé.

Mais il a également et concurremment établi quatre citernes, soit sous ses étables, soit sous ses places à fumier.

Ces citernes lui fournissent une quantité suffisante de purin pour remplacer les engrais d'une autre nature, qu'il était obligé d'aller acheter et chercher à Strasbourg.

Ses écuries comptent normalement sept vaches laitières, deux taureaux pour le service des vaches du village, six chevaux, trois truies, un verrat et des porcs de tous âges.

En outre, en hiver et au printemps, il engraisse quelques bœufs.

Cependant, pour soutenir une culture aussi intensive, ce bétail ne fournit pas encore assez de fumier, mais sous peu M. Freysz espère ne plus être obligé d'en acheter.

Pour atteindre un pareil résultat, il faudra évidemment, pour que les hauts rendements qu'il obtient se maintiennent, que les prairies naturelles s'améliorent encore et surtout s'étendent en surface.

Mais, en résumé, l'exploitation de M. Freysz est en voie

de progrès; elle est bien et prudemment conduite, et il est incontestable qu'elle a déjà contribué, par ses constructions surtout, à imprimer une impulsion favorable à l'agriculture de la contrée.

Aussi, la commission décerne-t-elle à M. Frevsz pour ses constructions une médaille d'argent

### M. Michel Willem fils.

Comme M. Freysz, son concurrent, et peut-être bien son guide, M. Willem fils, chose singulière, a été aussi clerc de notaire, et de plus, suit en agriculture une voie tout à fait parallèle à celle de son ami; seulement, soit qu'il se soit décidé plus tard, soit qu'il ait marché moins vite, soit qu'il ait eu plus à faire, quoique le suivant de près, il n'est pas tout à fait aussi avancé.

M. Willem, au village de Dachstein, a succédé à son père il y a sept ans, et la ferme qu'il exploite est indivise par moitié entre les deux, en sorte qu'il paye à son père, pour sa part, un fermage de 100 fr. par hectare, c'est-à-dire 1,550 fr.

L'exploitation compte près de 31 hectares, dont 24 en terres arables, situées non dans le lœss, mais dans de très-bonnes alluvions modernes, $4^h,33$ en prairies naturelles, en partie arrosées et de bonne nature, et $2^h,50$ en vignes, situées sur les riches coteaux voisins.

Avec moins de prairies et 33 p. 100 de terres arables de plus, n'achetant peut-être pas autant d'engrais, la culture de M. Willem est moins intense que celle de M. Freysz; les céréales y figurent, en effet, pour un peu plus de moitié et l'on n'y voit pas de tabac.

Cependant toutes les récoltes sont belles dans cet excellent terrain, et chez M. Willem comme chez ses voisins, les rendements de 30 hectolitres de froment à l'hectare, de 35 d'orge, de 36 de fèves, de 18 de pavot, de 250 de pommes de terre, sont habituels.

Mais ce qui les surpasse, c'est le rendement des vignes; elles donnent en effet à l'hectare, quand elles sont exceptionnellement bien tenues, bien cultivées et bien fumées, comme le fait le concurrent, 100 hectolitres d'un vin fort estimable et qui vaut 24 fr. l'hectolitre.

Comme M. Freysz, M. Willem s'est mis en voie de reconstructions : la grange, l'étable, l'écurie, le hangar, la fosse à purin sont terminés, la maison d'habitation est presque complétement restaurée, mais il reste encore à réédifier le chaix, la buanderie et la porcherie.

Le bétail se compose de 8 chevaux, de 12 vaches et génisses, de 6 porcs et de 7 moutons. Le lait se vend sur place à raison de 15 c. le litre.

Du reste, M. Willem paraît faire très-bien ses affaires, car malgré les dépenses dont il se charge en ce moment, la commission a trouvé dans ses caves près de 1,000 hectolitres de vin des années précédentes; elle ne peut que le féliciter de ses succès bien mérités, et à raison de la bonne tenue de ses vignes, elle lui décerne une médaille d'argent.

## M. Pasquay, à Wasselonne.

M. Pasquay n'exploite en terres, prés et vignes que 25 ¹/₂ hectares, mais il les cultive avec une ardeur, une foi dans ses calculs, une audace dans ses pratiques qui font de son exploitation un objet d'étude des plus intéressants.

Dans l'origine M. Pasquay n'était pas cultivateur; il faisait et fait encore valoir avec sa famille à Wasselonne, sur les bords de la Mossig, au domaine des Papeteries, un groupe de quatre ou cinq industries diverses, qui, pour s'alimenter et exporter leurs produits, ont besoin de nombreux charrois: de là la nécessité d'une écurie meublée de bons chevaux, de là des engrais dont la quantité s'est accrue avec le développement qu'ont pris ces industries.

Telle est l'occasion qui fit M. Pasquay agriculteur: il avait à nourrir ses attelages et à utiliser leur fumier.

Ce fut nécessairement par l'amélioration des prairies qu'il commença, et à l'aide de tous les moyens usités en pareille circonstance, sans oublier le drainage, dont il se dit l'*importateur en France*, il transforma des marais fiévreux en saines et productives prairies, que chaque année, pour les rendre meilleures, il entretient encore avec d'abondants fumiers enrichis eux-mêmes de toutes sortes de manières.

Cependant la nécessité où il était de s'occuper de questions de transports, le porta à étudier les races de chevaux qui conviennent le mieux à ce genre de service et à l'agriculture alsacienne. Mais, malgré leur justesse, ses conclusions n'étant pas adoptées, il se décida à organiser à ses risques et périls un petit haras qui jouit de la faveur des agriculteurs.

A côté du haras, vint bientôt se placer l'étable; les races les plus à la mode y figurent, et les succès qu'elle a dans les concours prouvent assez que les choix furent excellents. Toutefois le jury eût préféré rencontrer plus d'uniformité dans ce petit troupeau. Une race d'animaux ne peut, en effet, avoir de succès réels dans une exploitation qu'à la condition d'être parfaitement adaptée aux circonstances locales; par conséquent, quand des races sont tout à fait opposées dans leurs aptitudes, à moins de vouloir créer une race nouvelle, ce qui exige de grandes exploitations, elles jurent de se trouver ensemble sur un même petit domaine.

M. Pasquay n'est d'ailleurs pas le seul des concurrents qui ait marqué cette tendance à entretenir des races multiples; nous la retrouvons plus accentuée encore chez M. Diemer, qui, du reste, en comprend si bien les inconvénients, qu'il déclare qu'en agissant ainsi, c'est afin d'avoir l'occasion de figurer avec honneur dans les concours; c'est là une pensée qui lui mérite certainement notre reconnaissance, mais, qu'il nous permette de le dire: c'est une pensée de luxe qui, en recevant une application trop étendue, pourrait bien ôter aux concours quelque peu de leur utilité.

Cependant, chaque année les choses s'améliorant chez M. Pasquay, il étendit progressivement son exploitation. Ainsi il y a trois ans, c'est à peine s'il avait quelque peu de champs cultivés à la charrue, et en 1865 il a offert à la commission 6$^h$,70 de cultures variées, parmi lesquelles les céréales figuraient pour un peu moins du tiers, et le froment pour la première fois.

Sous l'empire des plus puissantes fumures, ces récoltes étaient généralement fort recommandables; mais la surface qu'elles occupaient est encore trop restreinte pour pourvoir à tous les besoins des 17,000 kilos de bétail vif qu'entretient M. Pasquay; il faut compléter ce qui manque par l'acquisi-

tion de grandes quantités de paille pour la litière d'avoine,
et d'autres nourritures d'un prix élevé.

C'est à remplir cette lacune que désormais va travailler
M. Pasquay, et si, comme nous le lui souhaitons, il y arrive
sans perdre de ses rendements, et en réalisant les bénéfices
sur lesquels il compte, il se sera créé pour le prochain concours les chances les plus sérieuses à la prime d'honneur,
et pour cette fois le jury reconnaissant des services déjà,
rendus par lui à l'agriculture et particulièrement de la bonne
tenue de ses fumiers et de sa fabrique de tuyaux de drainage,
où il a introduit le lavage préalable des terres, lui décerne
une médaille d'or.

### M. le comte de Leusse.

Après avoir débuté dans la vie devant Sébastopol par des actes de courage et de sang-froid qui ont justement étonné, M. le comte de Leusse s'est fait agriculteur.

C'est à Reichshoffen que, comme propriétaire, il fait valoir près de 800 hectares, dont 65 en terres arables, 45 en prairies naturelles et 655 en forêts.

Ses forêts, chose rare, sont bien tenues, et il s'en occupe avec assiduité. Il a arrosé ses prairies, mais non sans difficultés. Situées, en effet, au milieu d'alluvions dérivant tout à la fois du *muschelkalk*, des grès rouges et des grès bigarrés, et, par conséquent, sur des terrains géologiquement recommandables, elles étaient rendues humides par le niveau surélevé de la petite rivière qui descend de Niederbronn, et il lui a fallu d'abord les assainir : sa double opération a eu un plein succès, peut-être trop de succès ; car à force de chercher la quantité, elles attendent encore la qualité.

Quant aux terres arables, M. de Leusse leur a également donné les soins les plus intelligents. Malheureusement le sol n'est pas aussi favorable que celui des prairies ; les grès de nature très-diverse y dominent, et pour donner de riches récoltes, elles ont d'abord besoin des plus énergiques amendements et d'abondantes fumures.

Un homme peut changer de profession, mais non de caractère. Plein de décision et de présence d'esprit, M. le comte de Leusse a, du premier coup d'œil, jugé sa position et s'est mis en devoir d'y parer.

Ces amendements, il les a demandés et les demande encore aux calcaires voisins; mais pour les engrais, il a dû,
profitant des aptitudes des terrains qui l'environnent, monter une distillerie de pommes de terre.

Cette usine a vivement frappé l'attention de la commission
par sa bonne tenue, son bon agencement et des détails
d'appareils si heureusement combinés, qu'ils en font une
œuvre originale et qui mérite d'être offerte en exemple aux
distillateurs de tous les pays.

Aussi le jury la signale-t-il en lui décernant une médaille
d'or spéciale.

Mais là ne se sont pas bornés les efforts de M. de Leusse:
avec des récoltes plus abondantes, avec ses résidus de distillerie, son bétail s'est accru, et, ne trouvant plus à placer
directement tout son lait, il l'a utilisé à faire des fromages
délicats et qui ont déjà une réputation méritée.

Une brasserie qu'il vient de monter va encore augmenter
ses moyens de succès et porter le domaine de Reichshoffen à un plus haut degré de fécondité.

Le jury félicite M. le comte de Leusse de son heureuse et
ardente initiative et lui décerne une médaille d'or pour sa
distillerie et sa fromagerie.

## M. Lebel.

L'agriculture considérée comme art remonte aux siècles les plus reculés, mais considérée comme science elle est de date récente.

Or, en naissant, toute science d'application commence par annoter, par chiffrer si l'on veut, les résultats consacrés par l'art qui l'a précédé.

La science agricole a suivi et suit encore cette loi générale, et M. Lebel lui a, dans cette voie, rendu de très-importants services.

C'est au Pechelbronn, souvent en compagnie de son illustre beau-frère et ami, M. Boussingault, qu'il a exécuté ses travaux: travaux si remarquables par leur précision, qu'ils servent de types à tous ceux du même genre et sont aujourd'hui si classiques qu'il est inutile d'en faire ici le résumé: examinons donc de suite son exploitation.

Tout agriculteur doit d'abord connaître son terrain. Voyons comme, en géologue accompli, M. Lebel décrit lui-même le sien.

« C'est une couche de diluvium alpin, d'une puissance
« très-variable, recouvrant des glaises tertiaires, qui, par
« places, apparaissent au jour, et sous lesquelles se trouvent
« des sables asphaltiques d'une assez grande richesse pour
« être exploités avec fruit.

« Le terrain est généralement de médiocre qualité, le
« sous-sol est imperméable, le fond des deux vallées entre
« lesquelles est compris le domaine, est occupé par des prai-
« ries arrosables. Cependant en un point il est quelques

« hectares d'un terrain calcaire et riche, où prospèrent des
« vignes dont le vin ne manque pas de qualité. »

Qu'à ces détails on ajoute les renseignements les plus
précis sur le climat variable du Pechelbronn et sa popula-
tion, et tout agriculteur exercé décrira aussitôt comment
il doit être exploité.

Aussi ne faut-il pas être étonné que M. Lebel y ait pra-
tiqué le drainage et les irrigations, que, comme chef d'un
syndicat, il a étendues sur de vastes surfaces dont il est
propriétaire pour une part de 23 hectares, qu'il ait créé, en
outre, 7 hectares de prairies naturelles non arrosées, mais
fumées avec soin, et qu'il ait réduit ses cultures à la main
ou à la charrue à $27^h,5$, dont $1^h,5$ sont en vignes soignées et
de bon rendement, que le topinambour, dont il a fait une
monographie remarquable, soit une de ses plantes de pré-
dilection, qu'enfin on compte sur son domaine et entourant
plusieurs vastes pièces des arbres fruitiers nombreux, plantés
par lui-même ou ses auteurs et d'une très-belle et avanta-
geuse venue.

Mais privé d'amendements calcaires[1] et, plus qu'un autre,
de main-d'œuvre, ne pouvant emprunter au dehors un sup-
plément d'engrais et les siens, quoique relativement très-
abondants, restant insuffisants, il n'a pu aborder les cultures les plus intenses, telles que le tabac, le chanvre et
le houblon, et il a dû se borner au colza, aux artificielles,
aux racines et aux céréales. Cependant il est parvenu à in-
troduire la luzerne, ce qui constitue un progrès important,
il la fait alterner avec le topinambour, avec lequel, comme
il l'a démontré, elle s'accorde très-bien.

---

1. Il y a bien des calcaires proches du Pechelbronn ; mais, chose remarquable, essayés par deux fois, ils n'ont donné aucun bon résultat, tandis
que la chaux de Bergheim (Haut-Rhin) s'est montrée tout à fait favorable ;
malheureusement elle revient à un trop haut prix.

Les bâtiments du Pechelbronn sont vastes et en bon état; une bascule, sur laquelle tout ce qui entre ou sort de la ferme est pesé avec soin, décore l'une des entrées. Quant aux bestiaux, ils sont généralement dans de bonnes conditions, et en ce qui touche l'espèce bovine, on aime à y retrouver l'ancienne race du pays, conservée avec soin et très-améliorée.

Les résultats financiers seraient également excellents, si, par une raison que la commission ne s'explique pas encore, les terres, quoique médiocres et d'une culture souvent difficile et ingrate, n'avaient une valeur excessive, et ne se louaient aux prix les plus élevés.

Tel est, en résumé, l'aspect général du Pechelbronn; c'est un de ces asiles où depuis longtemps la science a fixé sa demeure, et où elle prospère à côté d'une pratique plus régulière qu'audacieuse. Mais la science y prospère si bien que c'est du Pechelbronn que sont parties les plus belles découvertes agricoles qui aient vu le jour dans ces dernières années et auxquelles, à côté de son illustre ami et maître, M. Boussingault, M. Lebel a pris une part importante.

Dès lors, considérant que désormais l'agriculture ne progressera que par la science, mais par la science étroitement alliée à la pratique, considérant, en outre, que sous ce rapport le domaine du Pechelbronn a donné et donne tous les jours les plus utiles exemples:

Le jury décerne à M. Lebel, pour ses travaux agricoles théoriques et pratiques, une médaille d'or, grand module, et émet humblement le vœu qu'une récompense plus haute lui arrive bientôt.

———o◦⦂◉⦂◦o———

## M. Diemer.

L'art agricole de notre temps pourrait presque se définir par ces mots un peu vagues, il est vrai : *l'art d'utiliser les résidus au profit du sol et des animaux.*

Les engrais, en effet, ne sont que des résidus : toutes les industries agricoles, les sucreries, les brasseries, les amidonneries, les féculeries, les distilleries, les huileries et bien d'autres encore laissent derrière elles de précieux résidus, qui viennent fertiliser nos fermes et engraisser nos animaux.

M. Diemer a utilisé à son profit un autre genre de résidus, ce sont ceux d'un bel et bon hôtel justement réputé.

Cependant, si l'hôtel trouve au Murhof l'écoulement de ses eaux grasses pour alimenter des porcs, de la desserte de sa table pour nourrir des ouvriers, mieux qu'ils ne le feraient eux-mêmes, il lui demande aussi d'importants services.

C'est là que son linge se blanchit par des procédés qui, sans nuire au résultat, ménagent avec soin le tissu : c'est de là aussi qu'il tire son lait, une partie de ses légumes, de ses volailles et de sa charcuterie.

Des deux parts, les services sont donc réciproques, et l'on doit féliciter M. Diemer d'avoir combiné et de pratiquer cette spéculation ingénieuse et opportune.

Cependant, une petite surface eût suffi pour la réaliser, et le Murhof est un beau domaine de 62 hectares, aux portes de Strasbourg, et au milieu duquel s'élève, sur les bords de l'Ill, une jolie maison de campagne entourée d'un parc orné de beaux arbres.

Sur ces 62 hectares, 25 sont en prairies naturelles, 31 en terres arables, et le reste en parc, jardin, verger et surfaces mortes : nous laisserons de côté toute cette dernière partie, qui, bien qu'intéressante, touche moins à l'agriculture qu'à la villégiature.

Sauf 7 hectares de prairies, qui sont sur fond tourbeux ou d'emprunt de chemin de fer, le sol est de bonne nature; malheureusement, il est recoupé, moins, il est vrai, qu'à Ostwald, de veines de grèves affleurantes, qui serpentent à travers presque toutes les pièces, rendent les récoltes iné- gales, et qu'il serait bon de voir disparaître.

C'est à l'élevage du bétail et à la production en grand du lait qu'on se livre plus spécialement au Murhof, et le reste, quoique très-soigné, ne semble qu'accessoire. Aussi dans les cultures, les céréales, les artificielles et les racines do- minent-elles; le chanvre, qui cependant y vient admirable- ment, ainsi que le colza qui y prospère, n'y apparaissent que par intervalles assez irréguliers et sur des surfaces qui ne dépassent pas 4 $\frac{1}{2}$ hectares. Or, l'on aimerait à y ren- contrer le tabac sur les meilleurs fonds et le houblon dans les parties tourbeuses, où ils réussiraient merveilleusement bien.

Mais nous le savons : en agriculture on ne change pas volontiers sa principale spéculation, et M. Diemer a de si beaux bestiaux, qui parent si bien ses étables et lui valent tant de succès dans les concours, que nous comprenons qu'il y tienne et en soit fier.

Sa vacherie, sans compter deux taureaux Durham, se divise en deux catégories très-distinctes ; d'un côté on voit de belles hollandaises, qui forment le fond du troupeau et se renouvellent par elles-mêmes ; de l'autre des vaches de toutes sortes d'origines, mais très-bonnes laitières, et que M. Diemer achète quand il les rencontre.

Toutes ces bêtes sont dans un état remarquable d'entretien; mais par suite de l'alimentation, sans doute, peut-être aussi parce qu'on recherche plutôt la beauté des formes que les qualités de fond, elles ne fournissent pas autant de lait qu'on pourrait s'y attendre.

La porcherie compte aussi une collection nombreuse de très-beaux animaux, presque tous de races anglaises, et l'action des eaux grasses de l'hôtel s'y fait sentir d'une façon bien marquée et très-avantageuse.

Avec les chevaux qui sont au nombre de 11, dont 2 poulains et 2 mulets, et un petit troupeau de moutons de 45 bêtes de la race saxonne à tête noire, tous ces animaux pèsent 38 tonnes en moyenne; c'est là un chiffre considérable, puisqu'il représente plus de 1,200 kilos de poids vif à l'hectare de terre arable.

Mais la difficulté n'est pas, quand on a du logement, d'avoir beaucoup de bétail à l'hectare; c'est de le nourrir, et, au Murhof, la production des fourrages n'a pas paru suffisante pour pouvoir alimenter sans ressources étrangères toute cette masse d'animaux. C'est cependant là un point important en matière de concours, car sans cet élément il est généralement impossible d'arriver à des résultats économiques satisfaisants.

Mais là où M. Diemer domine sans conteste, c'est par la tenue de sa ferme : les bâtiments en sont bien disposés, autour d'une cour de grandeur convenable, au milieu de laquelle s'élèvent des volières remplies d'oiseaux de basse-cour de toute espèce et de toutes sortes de races. Le fumier y est à une bonne place et les citernes ne manquent nulle part.

La porcherie, située à l'angle le plus éloigné de l'habitation pour éviter l'odeur, est très-bien disposée et toujours très-propre.

L'écurie des chevaux, au contraire, est presque sous la main, et les granges, contiguës aux étables, rendent facile le service des fourrages.

Mais c'est l'étable qui l'emporte sur le reste : œuvre de l'architecte M. Seybodt, gendre de M. Diemer, elle est splendide et complète : qu'on s'imagine un rectangle de 12 mètres de large sur plus de 30 de long, voûté et garni de deux rangs d'animaux se faisant face, mais séparés par une large allée, bordée de chaque côté de mangeoires du meilleur modèle, et d'un grillage en fer pour les attacher et les empêcher de se battre quand ils mangent ; enfin, derrière eux, des rigoles pour recevoir leurs déjections : le tout carrelé avec soin et éclairé par de larges fenêtres ayant vue au nord sur la rivière d'Ill, et, plus en arrière, sur la ville de Strasbourg, et l'on ne s'en fera encore qu'une idée incomplète.

Telle est, en résumé, l'exploitation du Murhof, l'une des plus brillantes de l'Alsace.

Évidemment, si M. Diemer avait pu établir avec toute certitude qu'il nourrit son bétail avec avantage pour lui-même, quoiqu'il n'ait pas une culture de plantes industrielles aussi intense qu'on pourrait le désirer, ses chances pour la prime, malgré les titres considérables de son heureux concurrent, seraient devenues une réalité.

Mais si le jury ne lui accorde pas la prime, il lui donne à l'unanimité une médaille d'or, grand module, pour la bonne tenue de sa ferme et pour sa belle étable.

## M. Schattenmann.

Ce nom signifie honneur et dévouement, initiative et bon jugement, labeur et succès.

Mais comment, chargé des soins les plus divers, M. Schattenmann, de chimiste éminent, d'administrateur habile, d'industriel illustre, est-il devenu un agriculteur distingué?

C'est que l'agriculture est la pierre de fondation sur laquelle, avant tout, reposent la prospérité et la grandeur de la France, et que, en bon citoyen, M. Schattenmann n'a pas cru pouvoir servir mieux son pays qu'en consacrant à l'agriculture une part importante de la solide expérience et de la science profonde que, pendant longtemps, il était allé puiser à d'autres sources.

Aussi, avec de telles facultés, avec cette *âpreté* au bien qui fait de lui un type presque unique, son noviciat ne fut-il pas long, et, dès ses débuts, on sentit en lui un maître.

Mais, ainsi qu'il arrive à tout homme, si grand qu'il soit, quand il se jette dans l'inconnu, il ne fut pas toujours heureux; seulement prompt à se réformer, et à trouver des voies plus favorables, son exemple reste pour servir de leçon à de moins expérimentés que lui, souvent plus impatients du triomphe, et pour apprendre une fois de plus aux praticiens qu'en agriculture la science est un puissant auxiliaire du succès, et aux théoriciens, que, sans la pratique, ils ne fondent que sur le sable.

Mais quelle voie a-t-il suivie pour s'élever aussi haut?

La science agricole ne se réduit pas, comme bien des

*

gens le croient, à quelques axiomes banaux qui courent les livres, les rues et les salons.

Non ! A chaque pas, par un incident, si léger qu'il paraisse, la question se déplace, et pour la résoudre avec la précision qui seule peut aujourd'hui assurer le succès, il faut, avec une exquise délicatesse, qui tient compte, dans chaque cas, des difficultés et des ressources, discerner avec exactitude, et au milieu d'un dédale de données différentes, le but à poursuivre, les écueils à éviter.

Plus que tous autres, un industriel qui sait administrer, un négociant qui sait prévoir, un savant qui sait observer et combiner, ont donc par avance des aptitudes spéciales, qui deviennent complètes chez un homme qui tout à la fois est industriel, négociant et savant.

Là est tout le secret des succès pratiques de M. Schattenmann.

Mais quelles difficultés a-t-il eu à vaincre, quelles ressources lui sont venues en aide; comment en a-t-il profité, quel but a-t-il poursuivi, quels résultats a-t-il atteints ?

Le domaine du Thiergarten est situé à 3 kilomètres de Bouxwiller, dans un site isolé, où naguère nul chemin n'accédait.

Son sol, qui appartient en grande partie aux grès bigarrés et pour quelques hectares aux marnes irisées, est, par conséquent, d'une nature pauvre, d'un travail pénible et ingrat et craint les moindres intempéries.

Les amendements calcaires et phosphatés lui sont des plus utiles; malheureusement les carrières sont trop éloignées pour que la chaux puisse être employée avec avantage.

Comme sur presque tous les sols mal doués, la main-d'œuvre est rare; le seigle, quelques maigres pommes de terre, et des foins acides et peu abondants, étaient avant

M. Schattenmann les seules récoltes sur lesquelles on pût un peu compter; quant au bétail, il était peu nombreux et sans qualité.

Tel est le point de départ? il n'était pas encourageant.

Quant à celui d'arrivée, le contraste est complet!

Un vaste bâtiment, où il a su avec art grouper toutes les parties d'une ferme, de façon à les rapprocher pour réduire les mouvements, est venu animer cette triste solitude et se placer au centre du domaine.

L'exposition en est heureusement choisie, les abords faciles, des chemins bien tracés le mettent non-seulement en communication avec Bouxwiller et les villages voisins, mais encore avec tous les points de l'exploitation.

La cour est bien disposée, et une fosse à purin, du modèle que M. Schattenmann a si justement préconisé, en constitue un des détails les plus intéressants: elle offre aussi un promenoir aux jeunes animaux, et dans la partie le moins fréquentée se trouve la chaudière à vapeur, qui anime une machine à battre et les autres engins d'une ferme moderne: bien plus, pour atténuer les chances d'incendie, les bois de cette construction ont tous été imprégnés de chlorure de calcium, d'après un procédé aussi simple qu'économique, que l'on doit à M. Schattenmann.

Cependant, il ne faudrait pas croire qu'on rencontre dans les étables du Thiergarten des races très-délicates: très-ambitieux sous bien d'autres rapports, M. Schattenmann a su se borner de ce côté; il a, en effet, compris que, le terrain faisant la bête, il échouerait sûrement avec le Hollandais, le Schwitz, le Ayr ou le Durham; et la race du Simmenthal, plus grossière, il est vrai, mais plus robuste, est celle qui a eu sa préférence. Sa prudence a d'ailleurs trouvé sa récompense; car, avec l'amélioration du sol, il a parallèlement obtenu une telle amélioration chez ses animaux, que sous ce rapport, loin d'avoir quelque chose à ambitionner, c'est lui qui doit plutôt faire envie: ses bœufs, en effet, sont des plus vigoureux, et ses vaches sont les meilleures laitières que nous ayons rencontrées.

Quant aux produits végétaux, c'est le trèfle qui prospère à côté de la luzerne, le colza auprès des racines, le houblon qui, par l'importance de ses produits, rivalise avec le tabac; quant aux céréales, elles ne semblent entrer dans l'assolement que parce qu'elles sont indispensables pour fournir la litière.

En dehors de l'exploitation principale et proche de Bouxwiller, M. Schattenmann cultive aussi la vigne par des procédés que, ainsi que ceux qu'il applique au houblon, il a, si ce n'est inventés, du moins très-modifiés; mais c'est à son domaine de Roth, de l'autre côté de la frontière, qu'il faut aller pour juger combien il est viticulteur habile et ingénieux.

Ce n'est pas, il est vrai, en un jour que M. Schattenmann est arrivé à de pareils résultats : non, malgré l'impatience fébrile qu'il montre parfois à atteindre son but, ce n'est que lentement, avec un ordre parfait dans les idées, par étapes successives et sagement distancées, qu'il y est parvenu; et rien n'est plus instructif que de suivre ses mouvements : on admire surtout cette lutte du savant que l'imagination emporte, contre l'industriel que la prudence retient, mais qui finit toujours aussi par obéir au savant dont il a su régler et tempérer l'ardeur.

Cependant, en agriculture pas plus qu'en autre chose, l'homme ne fait des miracles : comment donc M. Schattenmann a-t-il porté l'abondance et les plantes précieuses des plus riches contrées de l'Alsace au milieu des grès bigarrés?

C'est en se créant des ressources considérables, ressources exceptionnelles, si l'on veut, en dehors du cours

ordinaire des choses de l'agriculture, mais qui, étant sa con-
quête personnelle, lui permettent de combattre en ce jour
avec des armes qui, bien que des plus puissantes, restent
des plus courtoises.

D'ailleurs, que chacun le sache bien, le jury a soigneu-
sement supputé ces ressources et les a assez chèrement
comptées pour que tout cultivateur aux abords d'une grande
ville puisse s'en procurer de pareilles, sans se donner le
souci de les créer, parfois de les inventer.

Cependant en quoi consistent-elles?

Le domaine produit 650 tonnes de fumier, les écuries des
usines 530, les écoles de Bouxwiller l'équivalent de 525,
mais sous forme d'un engrais d'une autre nature que
M. Schattenmann a su désinfecter et rendre maniable; total,
1,700 tonnes en nombres ronds.

D'autre part, les usines lui fournissent des résidus de fa-
brication de potasse et de prussiate, précieux amendements
pour son sol, mais dont il a découvert l'importance, et qu'en
bon négociant il partage avec ses clients au même prix qu'il
se les compte à lui-même.

Telles sont ses principales ressources. Mais à combien
les avons-nous cotées? A près de 20,000 fr., et les engrais
comptent pour 18,000.

Nous demandons pardon à l'assemblée de ces chiffres,
mais nous les devions aux agriculteurs du Bas-Rhin.

L'engrais est, en effet, le principal nerf de toute agriculture luxuriante et très-intense: ce qui ne veut pas toujours
dire rémunératrice: au Thiergarten, nous ne le cacherons
pas, elle ne l'a pas toujours été, mais elle l'est devenue, si
bien qu'elle paye aujourd'hui à M. Schattenmann un beau
fermage et de bons intérêts pour le fonds de roulement qui
lui est consacré; de plus, la valeur du sol s'est fort aug-
mentée, et aucun des domaines qui concourent, en partant

d'aussi bas, ne s'est élevé aussi haut : la prime lui est donc due.

En conséquence, que M. Schattenmann, vienne aux applaudissements de la science et de l'industrie, recevoir cette couronne que l'agriculture veut, à son tour, déposer sur son front vénéré.

———◦◦⋆◆⋆◦◦———

# Ostwald.

Aujourd'hui la charité n'est plus seulement une pratique louable, mais se bornant au simple soulagement des souffrances matérielles: c'est une véritable science qui, sans rien abdiquer de son passé, étend encore son domaine sur les défectuosités du cœur et de l'intelligence.

Cependant, d'autant plus ambitieuse que ses succès sont plus grands, les ressources lui manqueraient, si elle ne s'en créait elle-même, en sorte que, chose singulière et en apparence opposée à son essence, il lui arrive parfois de devenir une bonne affaire.

C'est le cas du pénitencier d'Ostwald.

Fondé dans un but de charité purement matérielle, devenu, par suite de circonstances diverses, l'asile des instincts les plus vicieux, Ostwald est aujourd'hui une école où l'on apprend la vertu pour ne plus l'oublier, en même temps qu'une excellente affaire.

Par inclination comme par devoir, l'agriculture nous est chère, mais elle nous le devient davantage, quand, brillant comme à Ostwald du plus vif éclat, elle est l'instrument régénérateur des existences comme des cœurs les plus déshérités.

Honneur donc aux magistrats de cette ville, aux simples citoyens qui, d'une manière quelconque, ont coopéré à la fondation d'Ostwald: que la Providence plus propice leur épargne les inconsolables douleurs dont l'un des plus éminents comme des plus dévoués vient d'être frappé; mais honneur aussi au directeur d'Ostwald, aux professeurs, aux religieuses, aux plus simples employés, qui, avec un plein dévouement et souvent une haute intelligence, ont consacré leur vie à son succès.

Qu'avec ce sentiment qui place la plus haute récompense dans la certitude du devoir accompli, ils accueillent ce jugement du jury, qui proclame :

*Ostwald est une des gloires de cette brillante cité: gloire sans amertume, indiscutable et qui, en marchant dans les mêmes voies, méritera toujours d'avoir un lendemain.*

Cependant, abandonnant le côté moral et élevé de la question et rentrant dans le cercle plus étroit de nos attributions : par quels moyens Ostwald a-t-il atteint les résultats, industriellement utiles, qui en font un domaine à offrir en exemple aux cultivateurs du Bas-Rhin?

Il y a quelque vingt ans, Ostwald était un méchant bois d'une centaine d'hectares, rapportant à peine de quoi payer son garde et appartenant à la ville de Strasbourg, quand le maire d'alors, M. Schützenberger, eut l'idée de le faire défricher et d'y créer un refuge pour les pauvres et les vieillards indigents de la ville; mais en 1846, les prisons de l'État se trouvant encombrées, le gouvernement demanda d'écouler sur Ostwald une partie de ses plus jeunes détenus.

Dès le début, les résultats furent si favorables, qu'au bout de trois ans la vieillesse avait fait place à l'enfance : mais quelle enfance! et Ostwald comptait 250 pensionnaires.

La forêt avait alors disparu et laissé à découvert une surface remplie de bas-fonds et de marais, qu'à la moindre crue la rivière d'Ill venait envahir et que l'évaporation seule pouvait égoutter en engendrant des miasmes délétères.

Il fallait donc commencer par assainir : on essaya d'abord du drainage sur 2 hectares seulement; les résultats furent tels que tels, le plan d'eau étant alors trop rapproché de la surface. Cependant, faute de mieux, on allait continuer,

quand les ingénieurs s'aperçurent que, en approfondissant
le lit d'un petit ruisseau qui borde la propriété, on bais-
serait le plan d'eau de plus de 80 centimètres.

Le travail eut un plein succès ; dès lors des fossés d'écoulement ouverts sur tout le domaine déversèrent les eaux de
la colonie dans cette artère principale, et Ostwald fut as-
saini et devint habitable. Mais tout n'était pas fait. A la place
aujourd'hui occupée par la colonie, il est passé, aux temps
géologiques, un grand fleuve dont les eaux rapides, descen-
dant des Vosges et du Jura, peut-être aussi des Alpes, ont
roulé des masses de gravier et de vase.

Malheureusement cette vase, qui aujourd'hui forme la
terre arable, est fort mal répartie à la surface, elle n'existe
même que par sacs séparés les uns des autres par des bancs
de grèves affleurantes et quelquefois même en surélévation ;
le tout jeté çà et là avec un caprice qui, au début, ne per-
mettait peut-être pas de trouver un quart d'hectare de forme
et de qualité régulières.

Évidemment, dans de telles conditions la culture ne pouvait être qu'extensive et les récoltes fort peu suivies. Or,
sous peine de rester dans un *semi far niente*, qui eût abouti
à la ruine, il aurait fallu, pour employer tous les bras dis-
ponibles et surtout donner à chaque âge un travail convenable, que la culture fût très-intense.

C'est ce qu'avant tous autres comprit très-bien l'hono-
rable et habile M. Lippmann, alors premier adjoint au maire
de Strasbourg ; mais non content d'indiquer le mal, ce fut
lui aussi qui en trouva le remède. Il ne s'agissait pas
moins que de remanier toute la surface, à un mètre de
profondeur, de façon à faire passer toutes les grèves dans
le sous-sol et de les remplacer par une couche de 60 centimètres de bonne terre végétale.

Nous n'insisterons pas sur la hardiesse et les détails de

cette opération, elle fut et elle continue à être conduite par M. Guimas, le directeur, avec une persévérance et une sagacité qui doivent être proclamées bien haut.

Cependant quelque colossale que paraisse l'entreprise, si elle ne touche pas encore à son terme, elle avance cependant; ainsi commencée, en 1854, sur les 96 hectares que compte Ostwald, 50 sont déjà remaniés et devenus des terres de première classe.

Il est vrai que, présentant des difficultés plus grandes, le reste attendrait plus longtemps si, pour les vaincre, on n'eût pas employé des moyens d'action plus puissants. Or, c'est ce qu'a fait M. Stromeyer, le digne successeur de M. Lippmann, en établissant un chemin de fer volant, qui, en permettant des échanges de terre et de gravier à plus grande distance, activera assez les travaux pour qu'on en puisse prévoir la fin avant douze ans.

En agriculture on est rarement original, et l'originalité y est rarement heureuse : à Ostwald on a été l'un et l'autre.

Cependant, quand on ne dispose pas, comme à Ostwald, de main-d'œuvre subventionnée par l'État, son exemple, le cas échéant, est-il utilement imitable ? Tout dépend évidemment du prix de revient, comparé à la plus-value que prendraient les terrains ainsi remaniés.

En Alsace ces terrains sont fréquents, presque tous engendrent la fièvre au lieu de récoltes abondantes; aussi, sans inviter les intéressés à se mettre immédiatement à l'œuvre, nous leur disons simplement : *Ouvrez les yeux, Ostwald était un méchant bois, valant à peine cent mille francs, bientôt ce sera un admirable domaine, dont la valeur, en terrain seulement, dépassera cinq cent mille francs, sans qu'il en ait coûté un sou à son propriétaire, et la fièvre, comme si la Providence bénissait deux fois les bonnes œuvres, en a déjà pour jamais disparu.*

Cependant, ce n'est pas seulement à cette œuvre de réformation du sol qu'Ostwald a borné ses efforts.

Nulle ferme n'est mieux tenue.

Les bâtiments s'y font remarquer par leur amplitude, leur simplicité pleine de goût et leur bon marché.

Les cours sont propres et s'égouttent bien, les places à fumier sont sur un bon modèle, les chemins de l'exploitation, d'ailleurs très-bien tracés et bien entretenus, sont emplantés d'arbres fruitiers nombreux et de la plus belle venue.

Mais c'est surtout le système cultural adopté qui doit frapper l'attention.

Placé près de Strasbourg, son directeur a parfaitement compris qu'Ostwald devait y puiser d'immenses ressources. Renonçant donc au système qui est généralement commandé quand on est loin d'un grand centre et livré à ses propres forces, il a cherché, sans amour pour le faux-brillant, à exploiter judicieusement sa position.

L'élevage des bestiaux, qui paye les fourrages au taux le plus bas, fut pour ainsi dire exclu : il en fut de même des races d'apparat; les cultures maraîchères et industrielles furent, au contraire, largement développées et y devinrent la base du succès.

D'après cela, c'est donc la ville qui, fournissant à bon compte la plus grande part d'engrais, prend, au contraire, à un prix très-rémunérateur, le lait d'une trentaine de vaches d'Appenzell bien choisies et renouvelées avec soin, les légumes fins d'un vaste potager où se dressent de bons jardiniers, ainsi que les légumes plus grossiers d'une partie des cultures sarclées qui viennent ainsi en aide au potager.

La culture du tabac y prospère aussi et peut rivaliser avec ce que, sous ce rapport, on trouve de mieux en Alsace; le houblon commence à se développer; bientôt il deviendra une importante affaire.

Les cultures fourragères viennent ensuite et les céréales occupent le dernier rang.

Mais ce qui frappe le plus, c'est le contraste de cette agriculture des plus intenses, prospérant sur les terrains remaniés, avec la culture extensive et les récoltes inégales et nuancées des sols qui ne l'ont pas été. C'est la fécondité à côté de l'impuissance.

Oui, Ostwald, en marchant dans les mêmes errements, est, au point de vue matériel comme au point de vue moral, sûr de son lendemain.

Le jury, plein d'admiration pour cette œuvre capitale, émet le vœu que S. Exc. le Ministre de l'agriculture, du commerce et des travaux publics daigne accorder exceptionnellement à la ville de Strasbourg une médaille d'or, grand module, pour les travaux agricoles qu'elle a fait exécuter à la colonie d'Ostwald.

www.ingramcontent.com/pod-product-compliance
Lightning Source LLC
Chambersburg PA
CBHW060510210326
41520CB00015B/4170